浙江省社科联社科普及课题成果

# 银发族轻松畅游移动互联网 常用APP简易图文操作手册

■ 丁文云　陈小平　著

NORTHEAST NORMAL UNIVERSITY PRESS
WWW.NENUP.COM
东北师范大学出版社

**图书在版编目 (CIP) 数据**

银发族轻松畅游移动互联网：常用 APP 简易图文操作手册 / 丁文云，陈小平著. -- 长春：东北师范大学出版社，2017.4（2024.1重印）
ISBN 978-7-5681-3043-1

Ⅰ.①银… Ⅱ.①丁…②陈… Ⅲ.①移动电话机－应用程序－中老年读物 Ⅳ.① TN929.53-49

中国版本图书馆 CIP 数据核字 (2017) 第 102517 号

□策划编辑：王春彦

□责任编辑：卢永康　　　□封面设计：优盛文化

□责任校对：赵忠玲　　　□责任印制：张允豪

东北师范大学出版社出版发行
长春市净月经济开发区金宝街 118 号（邮政编码：130117）
销售热线：0431-84568036
传真：0431-84568036
网址：http://www.nenup.com
电子函件：sdcbs@mail.jl.cn
河北优盛文化传播有限公司装帧排版
三河市同力彩印有限公司
2017 年 7 月第 1 版　　2024 年 1 月第 2 次印刷
幅画尺寸：170mm×240mm　印张：11.5　字数：156 千

定价：46.00 元

# 序言 Preface

随着"互联网+"概念的普及推广，越来越多移动互联网应用正在改变着人们的生活，网上理财、网上购物、手机打车……让我们的生活越来越便捷。但对于广大老年人来说，"互联网+"还是一个遥不可及的概念。据中国互联网中心统计数据显示，2016年6月，中国网民规模达7.10亿，手机网民规模达6.56亿。人们通过手机社交、看新闻、网购、理财、打车、订外卖、旅游……互联网渗透到我们生活的每一个角落。但我国网民仍以10至39岁群体为主，占整体的74.7%，老年人在年轻人享受互联网便利的同时成为了网络世界的边缘群体，但现实社会中，老年人口却占越来越大的比重。据统计，截至2014年底，中国60岁以上老年人口已经达到2.12亿，占总人口的15.5%。无意间看到曾经在微博上疯转的一个超有爱的、给爸妈的微信使用说明书，心里很受感动，就产生了编辑一本教学书给父母长辈即看即学的想法。虽然不可能普惠至每一位老年人，但对于那些有能力并愿意使用手机搭上"互联网+"的便捷生活的老年人，我们想尽一份自己的力量。

本读本基于"通俗易懂、快速掌握、图文并茂、即查即用"的原则，根据老年人学习特点及使用需求及习惯取材谋篇，以实用与答疑为目的提供一站式解决方案。首先从介绍智能手机及相关名词的解释（APP、智能手机…）入手，接着介绍智能手机能做什么（功能介绍）、如何接入互联网、APP 种类及功能等，最后介绍 20 个老年用户常用的 APP，从下载到安装、注册、使用技巧等方面提供指导。本书的特色是使用口语化的语言，力求通俗易懂；配以众多图片加文字解释，实现手把手教学效果。希望通过本书，广大老年人可以轻松、快速地掌握智能手机及常用 APP 的相关知识和实用技能，得心应手地使用智能手机，畅游移动互联网，享受科技给生活带来的便利。

最后，建议您能仔细阅读第一章和第二章的内容，看完这些内容相信您能更好地学会更多的 APP，在现实中灵活运用而不限于本书中介绍的这几个 APP。而且随着每个 APP 内容与功能的改变，可能您打开其中任何一个 APP 的内容与书上是不一样的，没有关系，就像报纸每天会更新内容一样，其基本的板块不会改变，APP 也是同样的道理。不要怕学不会，多尝试多问问身边的人，希望这本书能带给您一些直观地帮助使"银发族"畅游移动互联网常用 APP 不再是遥不可及的梦想。

# 目 录 Contents

I

# 第一章　走入移动互联的世界

　　欢迎进入移动互联网的世界，也许您有很多的疑问，为什么手机可以买东西？为什么可以听音乐？为什么可以订火车票？我可以用手机做什么？什么样的手机才可以有这些功能？……也许您的问题还有很多，但，完全没关系，在这里将一一为您解答疑问，帮助您使用智能手机，享受互联网给我们生活带来的诸多便利。

## 一、什么样的手机可以有那么多功能？

　　答案是智能手机。请看下面"图1-1典型的普通手机与智能手机对比图"的两个典型手机款式，左边两个是普通手机，右边是智能手机。从外形上来看，普通手机屏幕小，有按键，智能手机几乎整面都是屏幕；从使用上来看，普通手机是通过用按键来使用各个功能的，而智能手机是用手指点击屏幕进行操作的；从功能上来说，普通手机一般只能实现打电话、发短信等基本功能，偶尔也可以拍照与视频对话，但效果较差，而智能手机除了拥有这些基本功能以外，还可以和电脑一样上网，在上网的基础上可以进行购物、娱乐、社交活动等。

在屏幕大小、有无按键、功能方面有区别

普通手机                          智能手机

◆ 图1-1    典型的普通手机与智能手机对比图

## 二、需要准备什么才能实现这些功能?

是不是买个智能手机就可以实现这些功能了?

等等,还是先来普及下一些基本的知识,让您玩转互联网不困惑。以大家熟悉的微信视频聊天为例,要想和您儿子、孙子通过微信进行视频聊天,您得有以下的准备:一是智能手机;二是手机里要有微信;三是要有网络。打个比方,微信就像马路上的汽车,通过手机出来的画面就像货物,网络就像马路,"汽车"载着这些"货物"在"马路"上飞奔,把这些"货物"运送到了别人的微信里面。这三项东西必须同时发挥作用,我们才能实现相关的功能。

◆ 图1- 2    用手机实现微信聊天的
　　　　　　三项准备

前面一段我们讨论了智能手机，这里再说说网络和像微信一样能实现很多功能的"汽车"。

(一) 网络

目前手机可以用来上网的网络有两种，一种是在家里安装宽带，买个无线路由器，就可以实现在家范围内的无线网络（现在很多人直接称之为Wi-Fi，读音类似"娃爱发爱"），您可以在安装宽带时提前买个无线路由器（一般卖电脑的地方会有，100元上下），可以请安装宽带的师傅帮您把手机连到无线网络，或者请亲戚朋友帮忙搞定。当连接好无线网络后，就会出现"图1-3 无线网络接入示意图"中的图标。一般来说，宽带费用都是按年计算，无论您上网时间长短，费用固定，具体费用可以咨询提供宽带的服务商。但这种无线网络有个缺点，当您离开家的时候就不能使用了，因为这个网络覆盖范围有限。

◆ 图1-3 无线网络接入示意图

另一种是手机通信服务商如中国移动、电信、联通等提供手机上网的移动通信网络，平时我们听说的3G、4G就是这个概念，可以通过这个网络上网，上网越多产生的费用越多，您可以去相关的营业厅里咨询费用问题，目前这种网络的使用费用较高。但比起安装在家里的无线网络它有个优点，就是只要手机有信号的地方就可以随时随地上网，不受位置的限制。当连接好 4G 网络后，可以出现"图 1-4 手机 4G 网络接入示意图"中的图标。

至于这两种网络如何接入，我们将在后面做详细地介绍。

◆  图1-4　手机4G网络接入示意图

（二）应用程序APP

先来看看"图 1-5 APP 示意图"这个图片，像微信这一类帮您实现不同功能的东西叫做应用程序，或者称为 APP（有人戏称为"爱屁屁"，发音较为相似），以后我们将用 APP 来指这些应用程序，它是我们实现各项功能的载体。智能手机 APP 有两大类型，一类是手机厂商系统应用程序 APP，不能去掉（我们称之为"卸载"）；另一类是其他人开发的第三方应用程序 APP，可以安装，也可以卸载，具体怎么操作我们将在后面的章节做介绍。

◆ 图1-5　APP示意图

## 三、选哪款手机好呢？

现在市面上各种智能手机种类繁多，该买哪款手机好呢？

目前市面上大部分智能手机都不是针对老年人开发的，但很多智能手机都开发了简易风格的操作界面，我们以后会具体介绍。在选手机方面，老年人可以自己去手机卖场自行挑选，但建议尽量由子女来帮忙把关或者购买。另外，如果是自己去买手机的话，建议尽量买有品牌的正规厂商生产的智能手机，如华为、小米、苹果、三星、OPPO、VIVO、魅族、金立、联想、酷派、中兴、乐视、360 等。最近笔者发现市面上慢慢有人开始专做老年人智能手机，发现一款还颇受欢迎的智能手机——彩石手机。如果有兴趣的可以去了解一下。

## 四、如何接入互联网？

### （一）家里的无线网络怎么接入？

1.打开手机进入手机桌面。找到【设置】按钮，点击进入。

2.在设置菜单中找到【WLAN】点击进入。

3.点击打开以后在【WLAN 设置】设置页面会出现很多的无线网名称，找到自己的无线网点击进入。如果不知道哪个是自己的那就看信号，最强的那个就是自己的。

4.输入无线网络的密码。这个是在装宽带和无线路由器的时候设置的密码，如果不会可以在安装宽带时买好路由器，让装宽带的工作人员帮您设置好。家里的无线网络只需设置一次，以后每次在家里使用时可以不用手动去连接，只要路由器开着，手机就会自动接入无线网络（Wi-Fi）。

◆ 图1-6　无线网络接通示意图

（二）如果不在家，怎么连接互联网？

如果您在某饭店吃饭或其他场所，一般他们都会有自己的无线网络，您可以让他们帮您连接他们的无线网络。但一般不建议在其他场合使用别人的无线网络，因为这存在安全隐患，很可能您手机里的内容会被别人窃取。建议您可以通过手机卡服务商提供的 4G 网络来上网，但这会产生相应的费用，根据您使用情况进行收费，具体可以去咨询当地营业厅。下面说说如何通过 4G 来上网，这里只介绍一种简易的方法，具体步骤"见图 1-74G 网络接入示意组图。"

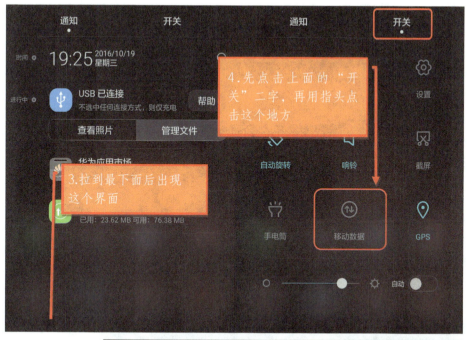

◆　图1-7　4G网络接入示意组图

## 五、如何下载 APP？

　　智能手机买来之后，可能没有您所需要的 APP，这时您就需要自己去下载并安装 APP。比方我们需要一个组合家具，我们首先会买回来放到家里，然后自己组合安装就可以使用了。下载就相当于把 APP 放到手机，组装家具就相当于安装 APP，安装好了就可以使用了。

（一）到哪里去下载安装APP？

一般来说，每一款智能手机都会有一个让您可以去下载新 APP 的应用，如小米手机的应用商店，360 手机助手，安卓市场，华为应用市场等。他们在手机上的图标如下：

| 小米应用商店 | 360手机助手 | 安卓市场 | 华为应用市场 |

上面的图标颜色可能会因具体手机不同而有所不同，因为可能会经常用到，可以请教下子女，很快就可以找到这个应用。下面以华为手机应用市场为例，说明下载 APP 的过程。

（二）APP下载步骤

找到自己手机的应用市场，如华为手机的应用市场，点击进入。

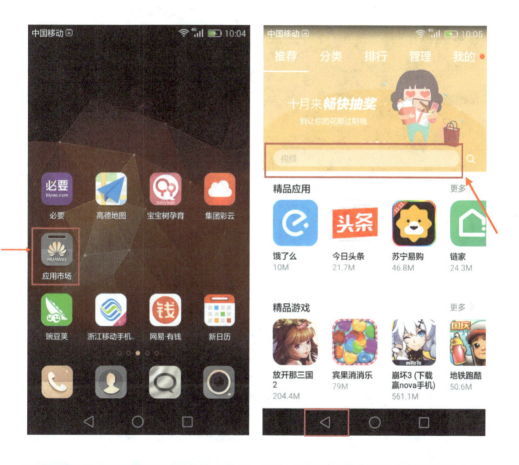

| | |
|---|---|
| 1.找到华为手机的应用市场，点击。 | 2.输入您要下载的APP，如"天猫"。点击边上放大镜图标。 |

如果您要下载其他的 APP，可以按照前面的步骤进行。

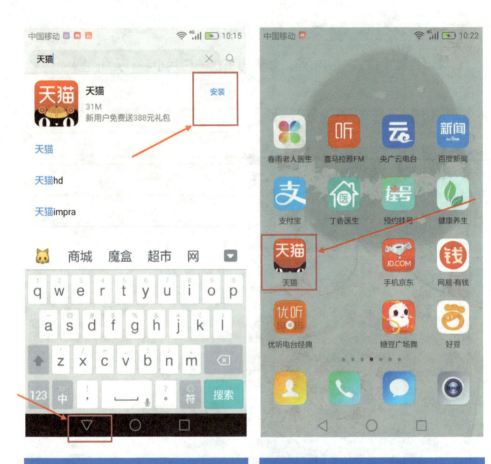

3.点击上面的"安装"二字，继续等待，您可以按手机屏幕最下方的这个返回键回到手机主屏幕。

4.您可以在手机界面上看到这个APP的图标，您只需用手指点一下就可以进入这个APP。

# 第二章　智能手机基本操作

第一章我们主要解释了智能手机为何可以实现这么多功能，也介绍了什么是APP，在本章里将主要介绍智能手机的一些基本操作以及如何接入网络这两个问题。

## 一、关于智能手机的这些名词是什么意思？

### （一）什么是桌面？

手机桌面的意思就是您打开手机后看到的屏幕上显示的内容，也可以叫作手机界面，如"图2-1手机桌面"显示。每个人的手机桌面都可以进行改动（称为"设置"），所以您看不同人的手机桌面是不一样的。

◆ 图2-1　手机桌面

(二) 什么是锁屏和解锁?

由于智能手机的操作主要使用手指(皮肤)和屏幕的接触来实现,当手机放在口袋里或包里时候,我们很容易不小心触碰到手机屏幕而在不知不觉中使用手机,比如拨打了别人的号码等。为了防止我们无意中触碰到手机屏幕引起误操作,一般所有的手机都有锁屏和解锁功能。

1. 锁屏和如何锁屏

锁屏:就是把屏幕固定(锁定),就好像在手机桌面外面设置了一层保护门,您只能触碰到这个门,而不能接触到我们之前看到的手机桌面。在锁屏之后您不能进行手机的功能操作,这样就能有效地防止了误操作。下图就是一个锁屏,它会提示您要解锁。

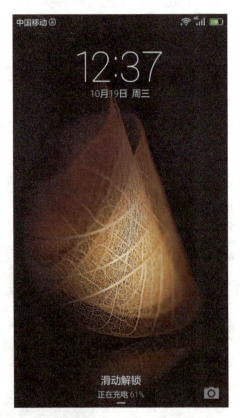

◆ 图2-2 锁屏示意图

如何锁屏呢？

锁屏一般有两种方法，一种是手动锁屏，一种是自动锁屏。

（1）手动锁屏

先说手动锁屏。看下面"图2-3 手机锁屏键"，一般在手机的右侧会有两个按键，第二个圈就是锁屏键，您用手按一下，就可以实现锁屏。

◆ 图2-3 手机锁屏键

（2）自动锁屏

自动锁屏指的是通过设置手机，使得手机自动进行锁屏，步骤如下。

1.点击手机屏幕上面的"设置"二字。

2.点击最上面的"全部设置"后,再点击下面的锁屏与密码。

| 3.点击"自动锁定"。 | 4.出现这个界面，您可以选择30秒或其他时间。表示这个时间后屏幕会自动锁定。 |
| --- | --- |

（3）锁屏密码

　　如果不设置锁屏密码，那么任何人拿到您的手机都可以打开使用，一般来说，大家都会对手机进行锁屏密码设定，下面介绍如何进行锁屏密码的设置。

1.点击手机屏幕上面的"设置"二字。

2.点击最上面的"全部设置"后，再点击下面的锁屏与密码。

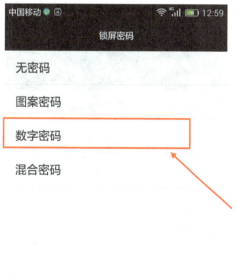

3.点击"锁屏密码"。

4.如果您使用了无密码，那任何拿到您手机的人都可以打开并使用您的手机，我们建议您使用密码。那使用图案密码还是数字密码，还是混合密码呢？在这里我们推荐您使用数字密码进行锁屏。点击"数字密码"

5.在这里输入您想要设置的密码。    6.按照提示继续。

7.输入刚才输入的密码进行确认。点击"确定"。

8.这就表示已经设定好密码了。这个密码就跟我们接下来要说的解锁有关。

### 2.解锁与如何解锁

如果锁屏之后我们需要重新使用手机，这时我们就要先解锁。

解锁：所谓解锁就是解除锁屏，进入正常的手机桌面。以下是一个锁屏界面，如何没有设置密码，用手指触碰在手机屏幕上，向上滑动就可以进入手机桌面。如果设置了密码，请看如何解锁。

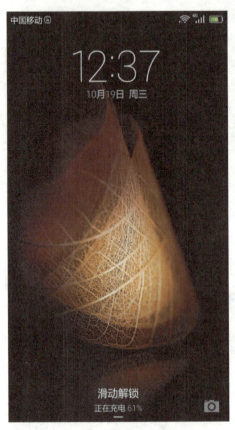

1.手指点在屏幕上，向上滑动。

2.出现这个界面，您可以输入之前设置的锁屏密码，进入手机桌面。

　　最后，可能有些人发现，手机锁屏了之后一段时间，拿出手机，屏幕是黑黑一片。如下图。那怎么办呢。其实，只要按一下我们前面介绍的锁屏键（手机右侧），就可以显示手机桌面，然后滑动屏幕就可以解锁。

1.手机锁屏一段时间后屏幕会变黑，可以点击右侧锁屏键。

2.这时屏幕会变亮，再按照上面解锁步骤进行即可。

另外，有些手机还可以用指纹进行解锁，至于手机是否有这个功能您可以在买的时候咨询下。如果是已经买来的手机，可以问下子女，或是查看下手机背面。

如果您的手机背面有这个指纹识别的装置，您的手机就可以进行指纹操作。

指纹解锁的设置

1.点击设置，找到指纹功能。

2.点击"指纹"。

3.点击指纹管理。

4.如果之前设置过解锁密码，则出现这个界面，输入密码。进入下一个界面。

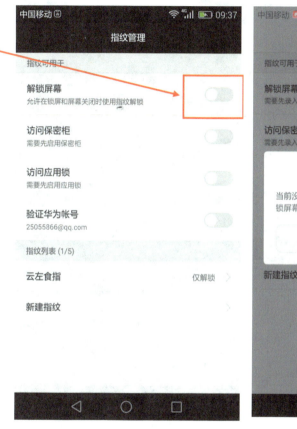

5.点击解锁屏幕后面的滑动键。

6.点击"录入"。

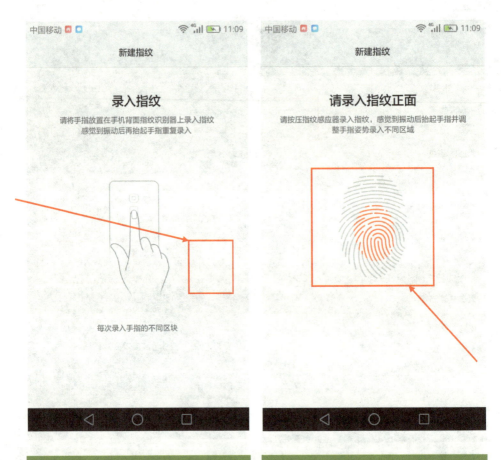

7.之后会出现这个画面，把你认为最方便的手指放在手机背面的指纹采集处。

8.之后会出现这个画面，慢慢动动手指头直到整个区块都变成红色。

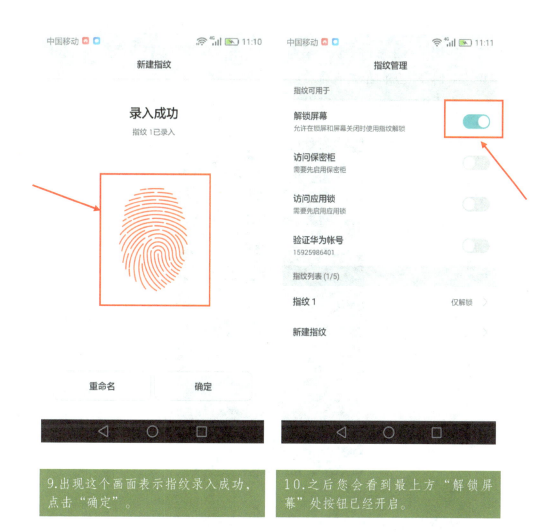

9.出现这个画面表示指纹录入成功，点击"确定"。

10.之后您会看到最上方"解锁屏幕"处按钮已经开启。

设置指纹解锁之后，当手机进入锁屏状态，您只需把您之前设置指纹的手指头放在手机背面的指纹识别处就可以解锁手机了，十分方便。

## 二、如何指挥手机工作？

　　键盘手机主要通过按键来实现各项功能，而智能手机则是主要通过触屏方式（用手指去触碰手机的桌面内容）来实现的。以打电话为例，我们来说说如何在指尖简单完成通话。

　　1.在手机桌面找到拨号应用功能，用手指轻轻点一下。

　　2.点击之后会出现如下画面。您可以直接拨打号码，或者用手指轻轻点一下"联系人"这几个小字，就可以到下面这个图。用手机点在这些空白的地方，手指轻点在屏幕上向上移动，就可以看更多的联系人信息。找到某一个联系人后，点击一下名字，就可以出现该联系人的电话号码。点击那个号码，就会出现以下画面，表示正在拨打这个号码。下图表示已经接通，可以通话。

1.可以直接点击数字输入号码，再点击下面"中国移动"即可拨号。

2.通过最上面的联系人来查到你要打的电话，如点击"老伴"。

3.出现这个画面后，点击方框内区域即可进行电话拨打。

4.这个界面表示正在拨打电话，您只需耐心等待电话接通。挂断电话只需按红色挂电话键。

## 三、怎么写字啊?

有时候我们在使用手机的时候需要输入文字,以发短信为例,我们将介绍文字的输入。

1.点击这个地方进入短信功能。

2.点击方框内的"新建信息"。

3.这里的键盘是用拼音打字，如果你想通过在键盘上写字来完成短信，可以点键盘上面的"拼音"二字。

4.点击"手写"。

5.此时您可以在屏幕上用手指写字。

6.比如您要写"天"字，可以在上面书写，会出现类似的画面。

7.当您写好之后，方框处会出现一些笔画类似的字，你可以进行选择，如点击这里的天。

8.您之后可以看到这个字已经编写在短信里了。

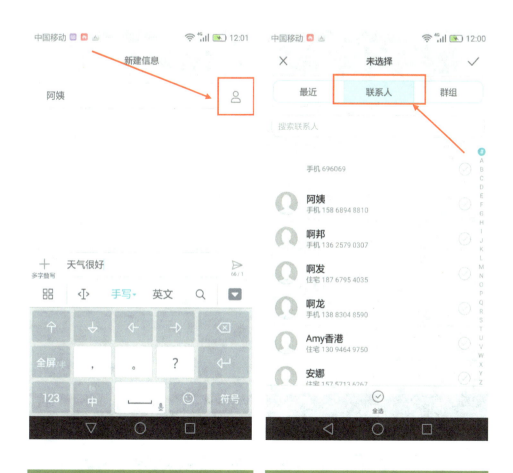

9.当您写好短信之后，可以点击上面的联系人。

10.点击这里的联系人。

11.点击这个联系人，后面的钩会变成有底色的样式。再点击最上面的钩。

12.出现这个画面，点击方框处的发送按钮即可。

## 四、我要找的 APP 在哪?

由于每一个手机屏幕大小有限,不可能所有的 APP 都能出现在同一个桌面上,那其他的 APP 在哪里呢?

1.此处箭头所指的方框内有五个小圈,代表有五个不同的界面(看到的桌面),第二个圈较亮,代表我们正在看的界面。

2.当我们要到第三个界面的时候,只要手指点到屏幕上,然后向左边滑动,就可以进入第三个界面。

## 五、使用完 APP 后，怎么回到桌面？

当使用完一个 APP 后，比如打电话后，您可能看到以下这个类似的画面，该如何回到桌面呢？

1.拨打电话结束后的画面。

2.手机桌面。

这里要说下，目前市面上大概可以分为两类手机，如下图"图2-4"所示。

◆ 图2-4 有Home键手机与无Home键手机

　　Home（读音"后母"）键也可以叫主键，箭头所指处。如果您的手机有Home键，当您在使用任何一个APP的时候都可以按这个键返回手机桌面。如果没有Home键，您只需点击手机屏幕下方的返回键即可，见"图2-5手机返回键"。

◆ 图2-5 手机返回键

## 六、这个桌面太复杂，能不能换简单点的？

### （一）简易桌面如何设置？

答案当然是可以。目前很多的手机都有给大家预备了一个简易风格的桌面，见"图2-6简易风格桌面"。下面我们来介绍简易桌面及如何设置简易风格的步骤。

◆ 图2-6 简易风格桌面

1. 点击设置。

2.点击"桌面风格"。

043

3.点击方框范围内的地方都可以选择简易风格，再点下面的"应用"。即可看到简易风格的桌面。

4.简易风格桌面。

（二）在简易风格中其他的APP如何快捷找到？

当我们设置好简易风格之后，手指点在屏幕上向左滑动到下一个界面。

1.出现这个界面后，点击其中一个添加的蓝色区域，出现以下界面。

2．点击"应用"，会出现所有的APP。

3.找到您想放在手机桌面的APP，点击即可。

4.如果您点击了微信APP，就可以看到这个界面，微信就出现在了桌面上。

## 七、手机怎么开机和关机？

正如电视的开机和关机，手机也需要休息，手机怎么开机与关机呢？关键是如何找到开关的控制键。

## （一）手机关机

1. 图片中的下方的这个键既是用来锁屏的键也是开机和关机的控制键。

2.关机操作：当手机处于开机状态想要关机，长按这个键，屏幕出现这个画面，点击关机。

3.出现这个画面后再点一次"点击关机"，等待一会就可以关机。

### （二）手机开机

开机则更简单，只要按住上面开关机的控制键，等到手机屏幕上开始出现亮亮的字或图，放开按键等待几秒钟就可以完成开机。

在了解了智能手机上网的一些基本知识和手机的基本操作之后，接下来的几章我们将介绍 20 个典型的 APP 应用。

# 第三章　微信——连接生活你我他

## 一、微信能做啥?

微信目前是使用人数最多的 APP，每个月活跃的用户达到 6.8 亿人次。作为使用人群最大的社交 APP，微信可以实现与家人朋友之间的沟通，包括实时通话、视频，文字和语音留言，用图片表情包等等；也可以实现一群人一起聊天；可以关注一些公众号（可以看别人写的文章）；可以把自己的生活分享给朋友，在朋友圈里发布照片、文字、视频等，也可以看到朋友发的内容。除了这些基本的通信与社交功能，微信还可以实现购物、游戏、理财、手机充值、转账给别人、信用卡还款、火车票购买等服务与功能。

## 二、没微信? 请看这

### (一) 下载安装微信

您还没有微信吗？赶紧安装一个吧。微信的下载与安装请参看第一章第五节如何下载 APP? 的步骤。

### (二) 申请微信"身份证"——注册与登录

在生活中我们每个人都有身份和身份证，我们要使用微信，其他人需要知道是你在用它，这时我们首先要在微信里把自己的相关信息填写好，相当于申请微信的"身份证"，他人就知道是你在使用微信了。具体步骤如下：

1. 点击微信APP图标。

2. 出现这个画面后，点击"注册"按钮。

3. 设置信息。昵称：别人看到的你的微信名字；第二个方框输入手机号码；密码：设置微信密码。

4. 注册成功后按照提示进行微信"登录"，这是第一次进入微信的界面，以后只要点手机桌面上微信的图标就可以自动登录进入微信。

## 三、有微信不会用？请看这

### （一）简单的基本操作

#### 1. 如何设置自己的微信

微信个人资料是告诉别人自己是谁的一个基本窗口，您可以根据自己

的具体情况进行相关设置。首先可以准备一张自己满意的人像照，或特别
喜欢的照片放在手机的图库里。进入微信，然后根据以下步骤进行设置。

1. 点击微信最下方方框处的"我"。

2. 在面板顶部，找到自己的头像图标处并点击进入下一步。

3. 点击"头像"二字。

4. 在图库中选择你的照片。

5. 点击"使用"即可。

6.您可以看到头像已经设置好。如果您要回到前面的微信画面，可以按方框处的返回键。

## 2.添加微信好友

想要给朋友发语音、图片？那您先得添加好友才行。

| 1. 打开微信，确保微信最下方这里"微信"二字这里是有颜色的，表示你正在这个功能下面。点击最上方的"+"号，再点"添加朋友"。 | 2. 在方框处输入别人的微信号或QQ号、手机号。 |
| --- | --- |

3.然后点击"搜索"。

4. 点击"添加到通讯录"。对方通过之后，就成为微信好友。

| 5. 返回微信后，点击这里的"通讯录"，您就可以看到您所有的好友了。 | 6. 其他加好友的方式，方框内的三种其他方式可以面对面加好友。这里不做介绍。 |

### 3.如何用微信和朋友聊天?

1.点击这里的"通讯录",您就可以看到您所有的好友了。选择您要联系的好友,如点下"大女儿"。

2.点出现这个画面,再击这里的"发消息",之后进入下一个画面。

（1）发送表情

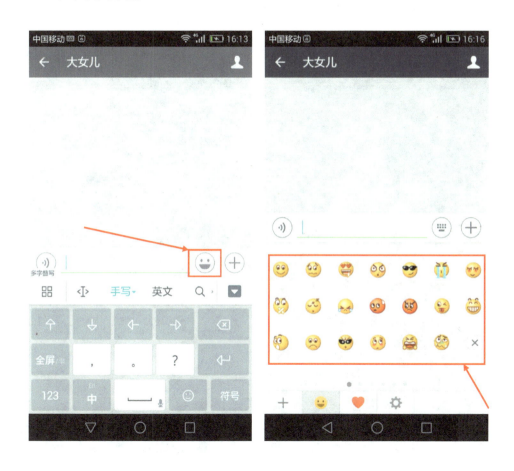

3. 您可以直接在屏幕上写字，然后发送。如果你要发送表情等，可以点击这个笑脸，进入下一个画面。

4.点击这里的任何一个表情，点击发送即可。

（2）发送语音留言

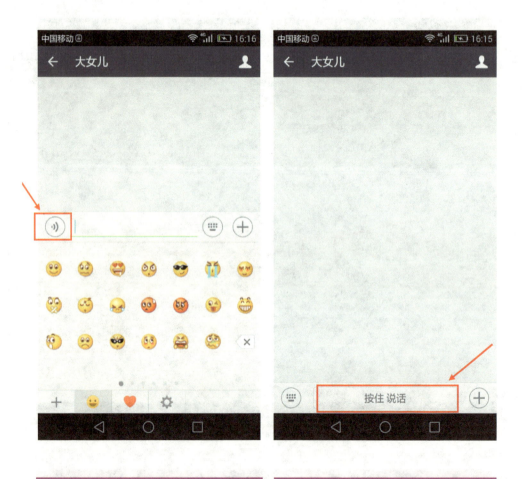

5.发送语音留言：发语音更简单，点击这个方框，出现下一个画面。

6.点住"按住说话"，您可以说话给您的好友留言。

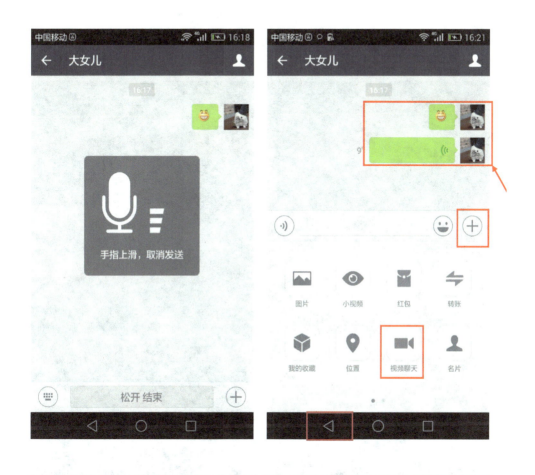

7.这个画面表示你正在说话，松开手指，您的语音就会自动发送给您的好友。

8.上面的方框代表您发的信息。如果您想与好友视频聊天或直接电话聊天，可以点击第二个方框的"+"号。出现下面的"视频聊天"，点下。

（3）视频聊天

在上面的＋号下方，您还可利用微信和好友视频聊天、发送照片或图片、发送小视频、发红包等。这里主要讲解下如何用视频聊天功能。

9. 点击"视频聊天"，这里选择"视频聊天"你可以看到对方，并进行通话，选择"语音聊天"则像打电话一样。

10.这个画面表示正在接通中，您只需耐心等待即可。

### 4.如何利用微信分享和获取信息呢?

（1）发朋友圈

　　朋友圈是微信好友分享新鲜事的地方，你可以在这里和好友们分享自己的喜怒哀乐，也可以查看好友的最新状况。如何发朋友圈消息呢？请看下面的步骤。

1.点击微信下方菜单栏中"发现"，再点击上面的"朋友圈"。

2.在这里您可以看到好友发的信息。如果您想自己发一条信息，可以点击右上方方框处的图标。

3. 点击"照片"。

4. 选择要发送的照片（一次最多9张）。

5. 在"这一刻的想法"位置上，键入你的文字说明。

6. 再点击"发送"，即可完成。

（2）订阅公众号。通过微信公众号是获取资讯是十分有效的途径。那么如何订阅呢？下面介绍下具体的步骤。

1. 打开微信，确保微信最下方这里"微信"二字这里是有颜色的，表示你正在这个功能下面。点击最上方的"＋"号，再点"添加朋友"。

2. 点击方框处的"公众号"。

3.在上面的搜索框里输入公众号名称，如"头条新闻"，再点击搜索。

4.点击方框处的"头条新闻"。

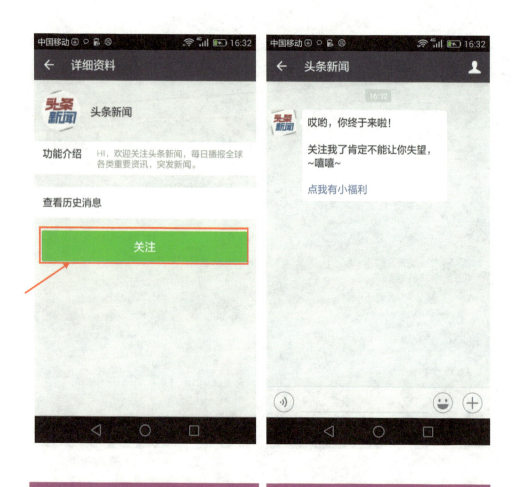

5.点击"关注",每天你都可以从这里获得精彩的文章。

6.之后您会收到这个信息,表示您已经订阅了这个公众号。

### 5.调整微信字号

很多老年朋友可能会觉得微信的字太小，看不清楚。那么，该如何调整呢？

1.点击微信最下方方框处的"我"。　　2.点击"设置"。

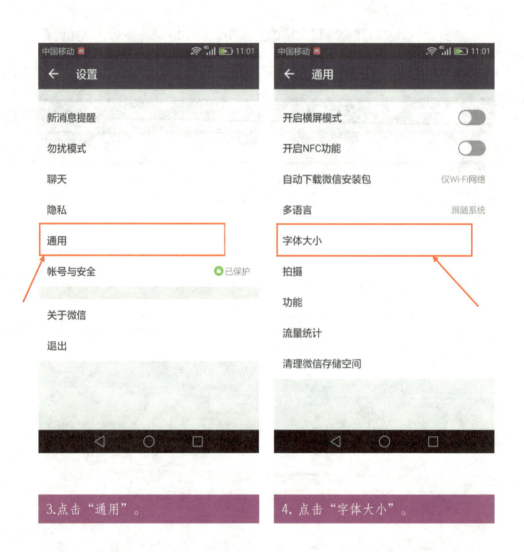

3.点击"通用"。

4.点击"字体大小"。

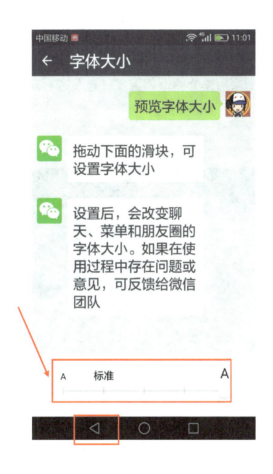

5.把这个小圈滑动到最右边，则是微信提供的最大字体。再按一下下面的返回键即可。

（二）其他功能操作

　　除了基本的通信功能，微信还可以实现购物、游戏、理财、手机充值、转账给别人、信用卡还款、火车票购买等服务功能。一般如果你微信使用不熟悉的话，不建议使用，使用这些功能需要现在微信里存些钱或者把你的银行卡与微信绑定，如果不懂得安全知识，很可能会造成金钱损失。如果要用这个功能最好是和子女沟通，由子女转账给你们，再请他们教下该怎么使用这些功能。下面简单介绍下如何发红包及进行现场付款功能。如何找到这些功能呢？请看下面的介绍。

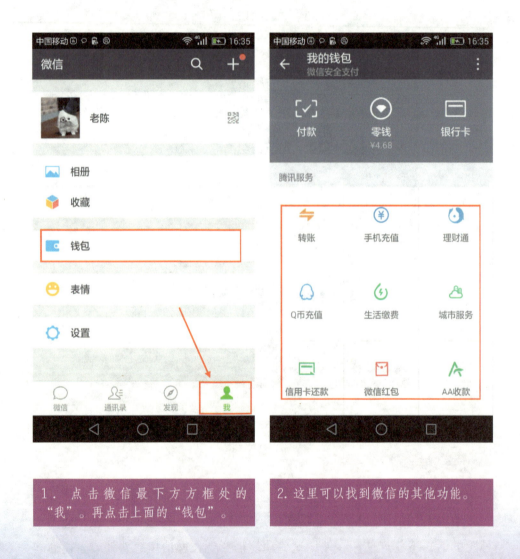

1．点击微信最下方方框处的"我"。再点击上面的"钱包"。

2．这里可以找到微信的其他功能。

### 1.微信红包

使用微信红包之前，您的微信钱包里得先有零钱或者您已经绑定了银行卡。先介绍下如何存入零钱。

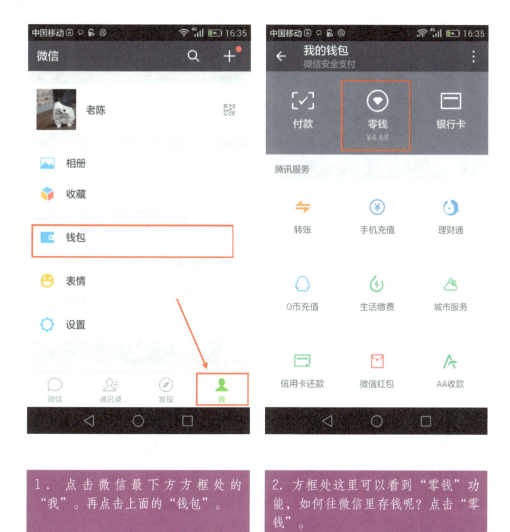

1．点击微信最下方方框处的"我"。再点击上面的"钱包"。

2．方框处这里可以看到"零钱"功能，如何往微信里存钱呢？点击"零钱"。

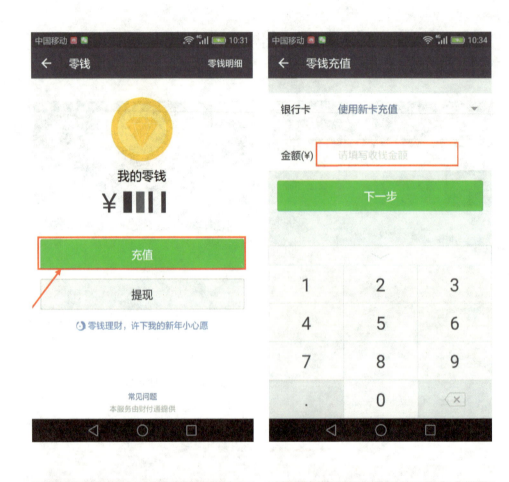

3.点击"充值"。

4. 比如方框这里输入金额45.32，点击下一步。

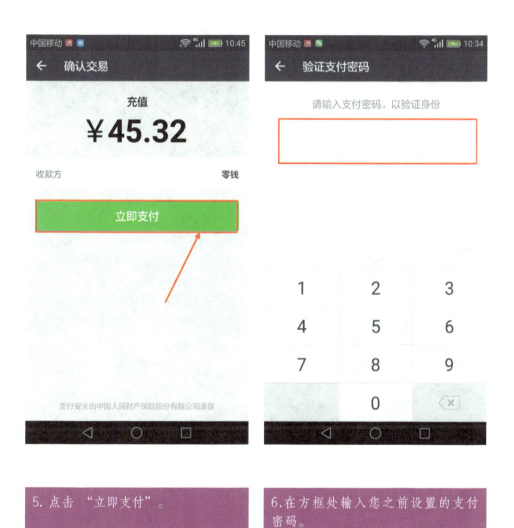

5.点击"立即支付"。

6.在方框处输入您之前设置的支付密码。

7.核对持卡人姓名，然后在方框这里输入您的银行卡号。点击下一步。根据提示进行操作即可。

8.此时您可以看到您的零钱已经成功存入，可以开始使用了。

发微信红包有两种方法。在这里介绍简便点的方法，即通过好友聊天的界面发送红包。

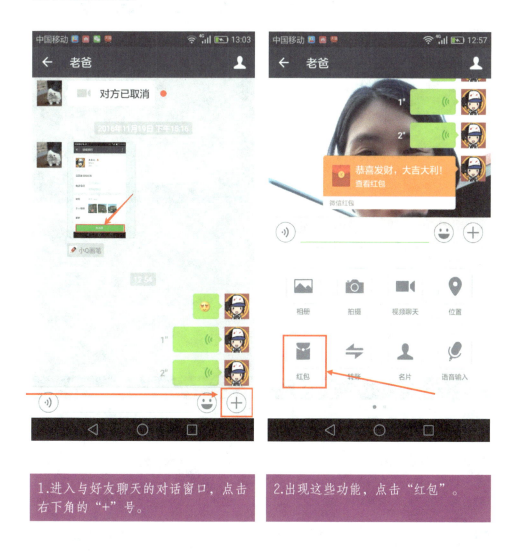

1.进入与好友聊天的对话窗口，点击右下角的"＋"号。

2.出现这些功能，点击"红包"。

077

3.之后出现这个画面，在金额处输入你要发的红包数额，可以在留言处写留言，然后点击"塞钱进红包"。

4.这时会要您输入你的零钱包的密码，这个密码是您在使用存入零钱时设置的。

5.输入密码之后，红包就发送成功了。您可以看到这个画面。

## 2.用微信进行现场付款与结账

现场付款有两种方式，一种是商家直接用扫码器直接扫描您的微信二维码付款，另一种是您自己扫描商家的二维码，输入金额和密码即可付款成功。

（1）商家扫描您的二维码，无须输入密码，务必注意安全。

一般大型商场会采用这种方式，不建议在小店用这种方式付款。

079

1.进入钱包功能之后，商家会让你把您的二维码出示下，您点击左上角的"付款"。

2.出现这个画面，您点击"知道了"就会出现您的付款二维码。请务必保护好这个二维码，因为无须密码即实现付款。

（2）扫商家二维码付款

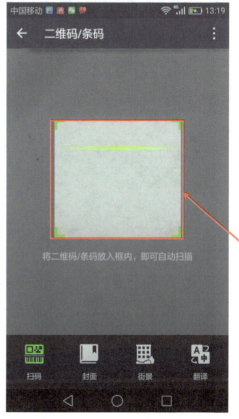

1. 如在水果店买了水果，这时可以用微信付款。打开微信，点击右上方的"+"号，再点"收付款"。

2. 方框处对准商家的二维码。

3.在第一个方框处输入金额，再点击"转账"。

4.在方框处输入你的微信支付密码。

5.之后出现支付成功的界面，点击完成即可。

## 四、微信安全吗？

### （一）小心陌生人

可能有时候有些陌生人想加你为微信好友，我们建议还是尽量不加为好。除非自己对网络社交非常熟悉，有信心不会被骗。

### （二）保管好你的钱

如果你的银行卡已经和微信绑定，那我们建议你的银行卡里尽量不要存太多的钱，等需要时可以再去存点。

微信是目前使用人群最广的沟通交流类 APP，除了微信以外，还有很多的类似的 APP，如 QQ、米聊、来往等等，但对于老年人来说，太多的 APP 反而让您更混乱，因而我们在这里不再介绍其他沟通类的 APP。

# 第四章　新闻类——我的新闻我做主

一般来说，老年人可能都会比较喜欢看新闻类节目，但由于手机屏幕小，看久了眼睛会很累，所以在这里介绍两个新闻广播APP（"央广云电台"和"优听Radio"）和一个既可以看文字图片也可以听的新闻APP——百度新闻。

## 一、央广新闻——央广云电台

央广云电台APP是中央人民广播电台打造的一款影音视听手机电台APP，拥有弹幕评论、离线下载和收听广播等功能。在这里主要介绍如何收听中央人民广播电台提供的各类广播节目。

首先您要下载安装好央广云电台APP，如果您不知道该如何操作，可以回到本书第一章《五、如何下载APP？》查看。

（一）收听电台

1.点击"央广云电台"。

2.进入APP里面，可以点击这里的
"直播"版块和"主播"版块，进入
不同内容。

3.以"直播"为例，点击方框处的"直播"，进入这个画面，再点击"全国新闻联播"。

4.您就可以直接收听到节目了。

## （二）该APP的其它版块介绍

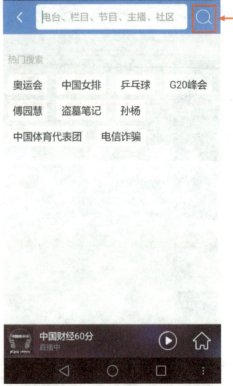

1.这个APP的最上方有一个区块，包括"发现""分类""搜索""我的"四个内容，可以分别点击进去查看内容。以"分类"为例，您可以看到这个APP中不同的广播节目。

2.点击"搜索"就会进入目前的这个界面，可以在空白处输入要搜的节目名称，点击这里的放大镜图标即可。

点击这个图标一次或两次，出现"退出央广云电台"对话框，点击这里的确认，就可以退出这个APP。

## 二、广播电台大集合——优听 Radio

优听 Radio 集合了国内外 22000 家电台的节目，内容丰富多彩。包括了相声、小品、脱口秀、小说、有声读物、儿童故事、新闻评论、CNN、百家讲坛、中国之声、CRI 国际频道、冬吴相对论、军情观察室、罗辑思维等精彩内容。在这里主要介绍一些比较适合老年人收听的节目及该 APP 的使用。至于 APP 的下载及安装请参考第一章中《五、如何下载 APP？》，学习如何下载与安装。

1.点击"电台",可以看到这个画面,进行电台的选取。也可以点击"电台"边上的"分类"二字,看到不同类别的电台。另外,点击最上面的放大镜图标可以进行节目搜索。

2.点击上一图片中的"中央台",可以看到众多节目,点击"老年之声",进入下一个画面。

3.进入老年之声电台节目，如果要退出节目，可以点击方框内的这个图标。

4.如果要退出"优听Radio"，再次点击框内箭头，点击上面的"退出"即可。

## 三、一个会说话的新闻APP——百度新闻

　　百度新闻APP是百度公司打造的精品新闻客户端。内容涵盖20多个新闻分类，整合百度公司的自身资源，覆盖了互联网上最全、最海量的资讯。由于老年人大都视力不佳，看久了眼睛发酸，百度新闻APP主推的语音播

报功能，能够帮助解决"看新闻"的难题，"读新闻"能够给老人生活带来乐趣。您只需要使用这个功能，便可以随时听到新闻，还有个性化定制的频道，用科技帮助不方便阅读新闻的人融入到互联网社会中来，感受技术的智能和温度。

（一）看新闻

1.安装好百度新闻后，可以看到上面的图标，点击即可进入这个APP。

2.最上面框内是这个新闻的各个板块，你可以点击文字进入不同板块，以"百家"为例。

百家精选

智能手机战场之变：硬件正在
演化成系统之争

41分钟前

整容脸都狗带，这才是真美
人！

44分钟前

怒砸1000亿全球开银行 马云：我不怕打压！

47分钟前

二手车市回暖车鉴定助行业
逐"大势"

51分钟前

最年轻的首富，年仅30岁千亿资产，王健林马

智能手机战场之变：硬件正在演
化成系统之争

刘旷
18:02　137阅读

　　对于当前的智能手机市场，大多数的手机
厂商还在盲目的死盯手机硬件配置。小米一直
都在拿发烧配置进行炒作，今天的结局如
何？老罗靠上了阿里之后，却仍然在走雷军的
老路，拿前天的锤子手机发布会来说，他们还
在拼命鼓吹自己的手机配置多么多么神，殊不
知用户的需求其实已经在悄然发生改变。

3.点击上一步"百家"板块，可以
看到上面的画面，点击方框内的地
方，可以进入这个新闻。

4.进入这个新闻界面，您就可以直接
看新闻了。如果您想听新闻，可以先
点击返回键。

（二）听新闻

1.返回到这个界面后，最上面有个耳机一样的图标，点击。

2.点击耳机图标后出现这个界面，表示您可以听新闻了。等待片刻。

百家精选

智能手机战场之变：硬件正在
演化成系统之争

41分钟前

整容脸都狗带，这才是真美
人！

44分钟前

怒砸1000亿全球开银行 马云：我不怕打压！

47分钟前

二手车市回暖车鉴定助行业

点击任一新闻开始听　　　　　　　×

男女声　　⏮　　▶　　⏭　　全文

百家精选

智能手机战场之变：硬件正在
演化成系统之争

41分钟前 🔊

整容脸都狗带，这才是真美
人！

45分钟前

怒砸1000亿全球开银行 马云：我不怕打压！

48分钟前

二手车市回暖车鉴定助行业

正在播放：化成系统之争　　　智能手机战场　×

男女声　　⏮　　⏸　　⏭　　全文

3.这时您点击任何一个新闻，就可
以听新闻的内容而不需要用眼睛看
了。如点击第一个新闻。

4.这个画面表示正在播放点击过的
新闻，如要停止，可以点击方框处
的暂停键。

# 第五章 健康类 APP——健康知识随手查

　　老年人最渴望健康，但又是疾病特别是慢性病的高发群体。据有关调查显示，老年群体的健康素养普遍低于其他群体，很多老人缺乏养老相关知识，有不良的卫生或健康习惯等。防病甚于治病，接下来介绍的"健康养生"APP 可以提供健康知识，宣传和提倡健康文明的生活方式，加强对疾病的预防，让健康养生观念深入人心，提倡不得病、晚得病、得小病、得完病快治不转成慢病的理念。"春雨医生"APP 则注重某一疾病的知识、疾病自诊及在线向医生咨询提问；"丁香医生"提供了不同类别的健康养生知识，可以推荐就医医院、查询某一疾病、药品等。另外，目前很多地区都开通了网上预约挂号 APP，省去排队烦恼，这里以浙江省"在线挂号"APP 为例进行介绍。

## 一、春雨老人医生——医生面对面

　　春雨医生创立于 2011 年 7 月，春雨医生网站显示目前春雨平台集聚了 9200 万名激活用户，拥有 49 万名公立二甲医院以上的专业医生，每天 33 万个医疗问题在春雨得到了专业医生解答，春雨平均每分钟回答问题 229 个，任何问题都可以在 3 分钟内得到免费回复，4 年来春雨帮助数千万用户解决身体不适的问题 9500 万个。上了年纪的父母们，自然少不了各种健康问题，有了此类健康问答、轻松问诊的网络平台，父母们完全可以自行上去寻医问药。

春雨老人医生是春雨医生老年人版本，超大字体，色块明朗化，方便老人们轻松掌控。老人们可以通过手机端快速便捷地进行症状自查，输入要查的常见病，解决您的健康疑惑。通过语音、文字、图片、电话的方式向春雨的在职医生提问，他们将指导您就医、诊疗。

春雨老人医生的下载与安装请参看第一章APP的下载与安装部分内容。接下来介绍这个APP的使用。

**（一）查看健康新闻**

1.下载安装好"春雨老人医生"后，点击上面的这个图标即可进入APP。

2.进入后您可以看到里面的主要几个内容。点击"健康新闻"。

3.进入健康新闻版块内容，可以看到最上面有"养生保健"和"育儿知识"两个版块，你可以点击新闻的文字查看内容。

4.点击最上面的"育儿知识"几个字，可以看到该版块的内容。如要返回之前的界面，可以点击左下方的返回键。

## （二）向医生提问

1."向医生提问"功能可以在线咨询医生，把症状告知在线的医生，您就可以得到相对专业的回复。您可以在"提问历史"这里查看您的提问。

2.进入"向医生提问"功能，点击方框内位置可以选择不同科室。

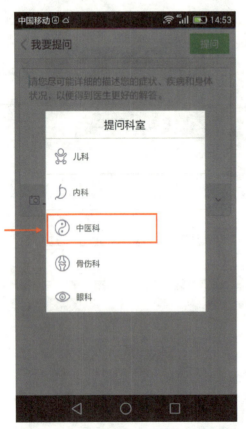

3.目前这个APP提供的科室信息，如点击"中医科"。

4.点击"上传图片"，可以把您的检查单等拍照传给医生。最后点击最上面的提问，有关医生就可以看到你的提问并给予回复。

100

## （三）症状自查

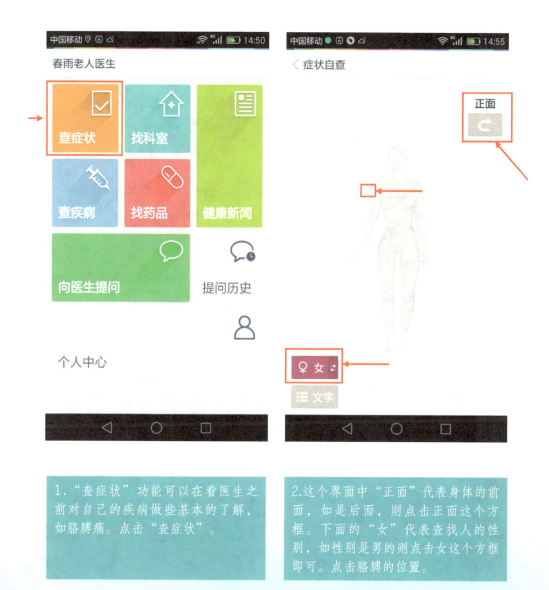

1."查症状"功能可以在看医生之前对自己的疾病做些基本的了解，如胳膊痛。点击"查症状"。

2.这个界面中"正面"代表身体的前面，如是后面，则点击正面这个方框。下面的"女"代表查找人的性别，如性别是男的则点击女这个方框即可。点击胳膊的位置。

3.出现可能引起胳膊处疼痛各种病因与症状，您可以选择符合自己的症状。如选择"多关节发炎"。

4.您可以看到各种病因以及其他人对这个疾病的医生提问等。

## （四）其他功能

### 1.查疾病

1.找到"查疾病"功能，点击进入。

2. 如选择"1型糖尿病"，就可以看到这个疾病的相关信息。您可以看到各种病因以及其他人对这个疾病的医生提问等内容。

2.查药品

1.找到"找药品"功能,点击进入。

2. 如选择"阿莫西林",就可以看到这个药品的相关信息。

二、丁香医生——医学知识专业户

　　丁香医生由国内最大的医学专业网站丁香园团队研发,是专注提供医学健康内容与医疗健康服务的平台,该 APP 提供专业医生写的科普文章,正确的就医用药参考，找医院查疾病等功能。关于医疗健康可能微信朋友圈充斥了太多的养生谣言，而百度等搜索引擎植入了太多的医疗广告，和春雨医生一样，这也算是一款良心应用，毕竟比朋友圈的谣言、百度广告更为靠谱和专业。下面就来认识下这个 APP。

1.下载安装好"丁香医生"后，点击上面的这个图标即可进入APP。

2.进入后您可以看到里面的几个主要内容。点击"专题"可以进入不同的讨论话题。

3.进入专题版块，点击"防痨治痨"。

4.点击里面的任何一个感兴趣的标题，如"一个乡镇医生的回忆"。

一个乡镇医生的回忆：
我家与结核病搏斗那
些年

作为五六十年代出生的这一代，记忆中定少不了「恢复高考」「计划经济」「粮票」这些字眼。

5.您可以看到这个文章的内容，如要返回之前的画面，可以按返回键。

6.另外，您还可以进行信息的搜索，点击屏幕下方的"搜索"即可。

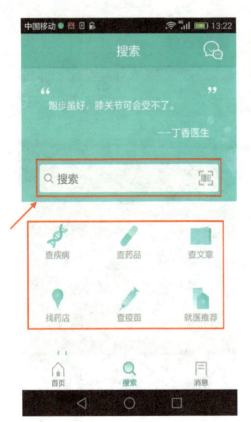

7.出现这个画面，可以直接输入您想要找的信息。或可以在"搜索"框下点击不同板块，如点击"查疫苗"。

8.您可以直接输入疫苗的名称进行查找，也可以看这里所提供的内容。

如果要退出这个 APP，可以按一次或两次返回键。

## 三、浙江预约挂号——在家挂号真方便

　　浙江预约挂号 APP 是由浙江省卫生厅直属浙江省医院预约诊疗服务系统官方推出的浙江预约挂号 APP 客户端，可以实现浙江省内所有国家所属医院，包括杭州、宁波、绍兴、嘉兴、金华、温州、舟山等城市的国有医院的

挂号预约。其实在很多的地区及城市甚至独立医院也开发有自己的 APP，您可以根据个人的需求进行下载。这里以"浙江预约挂号 APP"为例，让您了解如何使用这类 APP 进行网上挂号。

1.下载安装好"浙江预约挂号"后，点击APP进入这个画面，点击"预约挂号"。

2.进入后您可以看到里面的医院。右上角方框处点击，您可以选择不同地区的医院。

3.如选择"温州",点击,进入下一个画面。

4.您可以看到可以进行网上挂号的医院,如选择"温州医学院附属第二医院"。

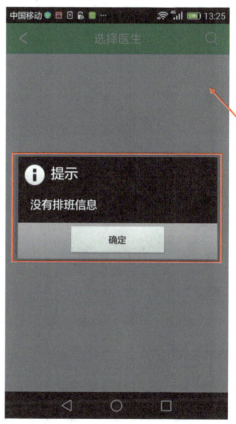

5.点击"儿科",再点击"儿童神经行为"。

6.当出现这个画面时,表示该科室不开放网上挂号或者目前没有这个科室。

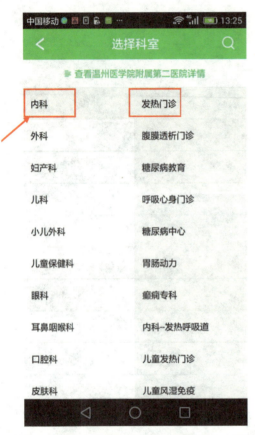

7.再如点击"内科"，在点击"发热门诊"，就可以看到有关医生排班。

8.进入后您可以看到里面的内容，选择医生，点击进入。

9.如果之前您没有这个APP的账号，这时会出现这个画面，你要进行注册。点击"注册"。

10.填写好上面的信息，点击提交即可。注：验证码这里要先点击"获取验证码"，把手机上收到的验证码写在这里即可。

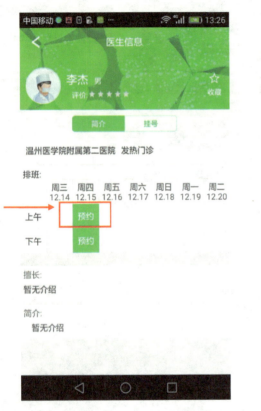

11.回到这个预约的地方，点击预约的时段，如上午，点击"预约"。

12.进入后您可以看到可供选择的号码，如选择6号。

114

13.您可以看到您的相关信息展示，输入方框里的验证码，点击"提交订单"即可完成预约。

14.您可以回到最开始的画面这里，点击"最近预约"，就可以看到您的预约信息。接下来，您只需带着您的身份证或医保卡就可直接去医院挂号处取号了。

## 四、健康养生——健康知识我知道

　　健康养生 APP 提供养生保健、药膳食疗、中医调理、疾病防护、健康常识、各类针对性的养生常识和方法等内容。并且可以根据你的偏好进行个性化订阅，只看想看的内容。

### （一）健康知识查看与分享

1.下载安装好"健康养生"后，点击上面的这个图标即可进入APP。

2.进入后您可以看到里面最上面有可以进行选择的版块。点击"健康"，可以看到里面内容。

3.点击第一个新闻后进入现在的画面，当您看文章有意见发表时，可以点击这里的"写评论"。

4.写好之后，点击后面的发送即可。

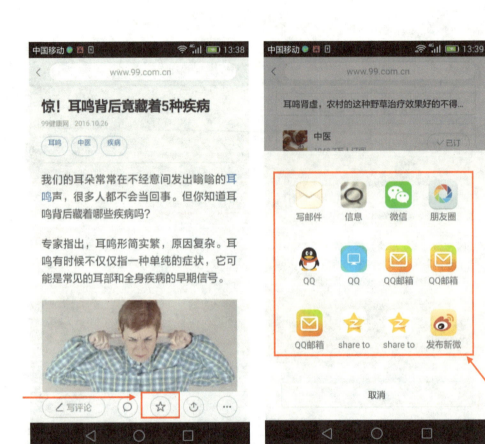

5.如果看到的文章想和朋友一起分享，可以点击这个图标。

6.进入后您可以看到这个画面，可以选择用微信或其他方式发送给其他人。

## （二）字体大小的调整

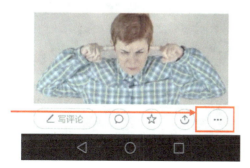

1.如果默认的字体大小等阅读方式您不习惯，可以点击方框内的图标，进行其他的阅读设置。点击进入下一个画面。

2.您可以设置阅读模式，字体大小等，设置好后点击完成。如要返回前面内容，按返回键。

## （三）订阅自己感兴趣的内容

1.点击下面的"发现"，如果您对任何一个话题感兴趣，可以点击订阅，如"皮肤病"，点击后面的订阅，就会出现"已订"二字。

2.如果您要回到这个APP最开始的画面，只要点击屏幕下方的"首页"就可以了。

# 第六章　消费类 APP——点点手指购遍天下

网络的普及推动了网络购物行业的快速发展，越来越多的人选择这种"不用出门"的方式来购买生活用品，许多老年人也加入到了这个群体中。下面主要介绍"天猫""京东""支付宝""网易有钱"和"美团"这五个常用的消费类 APP，掌握这几个 APP 的使用方法，就可以"点点手指购遍天下"。

## 一、天猫——品牌集中营

想必说到上网买东西，没有几个人不知道淘宝的，天猫其实是从淘宝拆分出来的一个购物部门，专门注重品牌商品的交易，可以这么说，天猫是一个商场，而淘宝只是乱哄哄的集市。如果您不是特别熟悉网络购物，还是建议先用用天猫吧。目前网上购物产品越来越多，而您又没办法直接触摸到商品，所以建议买一些您熟悉的产品，或单就使用天猫作为比价的好地方吧。

## （一）利用天猫来比价

1.打开天猫APP，输入您要购买的物品名称。

2.如输入"老人鞋"，这时您会发现所有相关的商品信息。如果你在输入老人鞋的时候再加上品牌则更能找到具体的价格信息。

## （二）购物流程

如果您要使用天猫来购物，就需要注册一个天猫账号，最好开通支付宝，支付宝可以在您注册天猫账号时同时注册，而且您需要在支付宝里存入一定的钱或者准备一张银行卡在付款时进行付款。建议您最好还是在子女的帮助下进行这一步骤的操作，熟悉这个版块的内容，了解其中的风险。如果您已经有了天猫账号和支付宝账号，并且支付宝里面有一定的金额，就可以开始购物了。

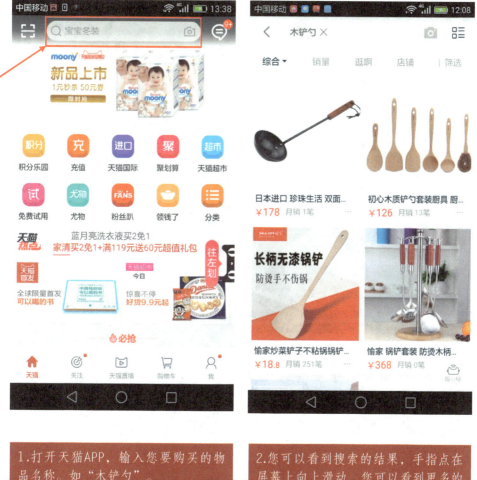

1.打开天猫APP，输入您要购买的物品名称。如"木铲勺"。

2.您可以看到搜索的结果，手指点在屏幕上向上滑动，您可以看到更多的商品信息。

3.在上一个步骤中用手指点一下您所中意的商品，就可以进入商品具体介绍页面，如图。

4.手指点在屏幕上向上滑动，您可以看到这个商品的更多具体介绍。如果您要购买，直接点击"立即购买"。

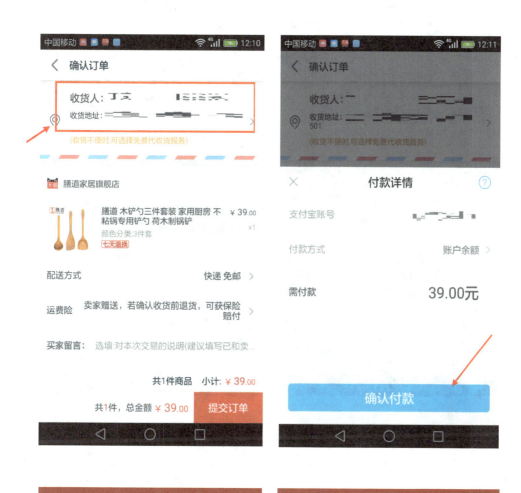

5.核对收货人的信息和金额等，如果都没有错误，点击最下方的"提交订单"。

6.进入付款界面，点击"确认付款"。

7.在方框处输入密码，之后点击后面的"付款"二字。

8.稍候片刻您可以看到已经付款成功，如果您想要查看您的订单信息，您可以点击方框里的"查看订单"。

## 二、京东——极速购物就是我

京东目前是天猫的有力竞争对手，从一个单一卖数码家电的商城开始，目前京东已经是一个产品类型丰富、专业的综合网上购物商城，销售家电、数码通信、电脑、家居百货、服装服饰、母婴、图书、食品等数万个品牌商品。个人觉得在付款方式、物流配送方面比天猫更加有竞争优势，服务更好。如果对于网上购物不熟悉，也可以从京东开始购起。另外，京东所卖的产品有两种来源，一种是京东公司的自营产品，京东自己负责配送等服务；一种是其他公司在京东网站上卖的产品，由其他公司负责配送等服务。而且京东有一个特点就是物流递送速度较快，在大部分城市和地区，如果你购买的是京东的自营商品，在当天 11 点前下单，一般下午可以收到物品，如果是 11 点以后下单，那么一般在第二天的 11 点之前可以收到物品。

　　下面介绍下京东的购物流程。

1.打开京东的APP，如果你还没有京东的账号或没有登录，那么在购物之前先点击最下方的"我的"这里，进行账号注册或登录。

2.进入后您可以看到这个画面，点击最上方的登录。

3.如果您已经有京东的账号直接输入信息点击登录，如果没有，你可以点击手机快速注册，按照提示进行注册；也可以用您的微信或者QQ进行登录。

4.接下来进行购物。返回到第一个画面，在最上面的搜索栏输入物品名称，如上所示，您可以看到结果。第一条信息有"自营"红色的记号，表示这个产品是京东自营产品，点击进入。

5.看到产品信息后，如果确定要买可以点击下方的"加入购物车"，然后点击"购物车"。

6.接下来您可以看到这个画面，用手指点击商品前面的小圈，商品会被打钩，您可以在商品下方"+、–"这里修改数量。然后点击"去结算"。

7.如要买5袋奶粉，在方框处输入收货人信息，并确认其他信息，如果没有错误点击下方的"立即下单"。点击"支付配送"这个方框里您可以选择货到付款，也可以选择在线支付。

8.在线支付：进入后您可以看到这个画面，可以选择用微信支付或其他支付方式，如由"微信好友代付"。先说说微信支付。

通过微信将代付请求发送给好友，即可让他帮你买单！

¥120.00

说明：

1.对方需要开通微信支付才能帮你付款，如果未开通，请重新选择好友发送；

2.如果你将来退款了，钱将退还到好友的微信账户里。

9.接下来您会看到这个画面，点击"立即支付"。然后输入微信支付密码即可完成。

10.如果您要由微信好友代付，点击之后出现这个画面，点击"发送代付请求"。

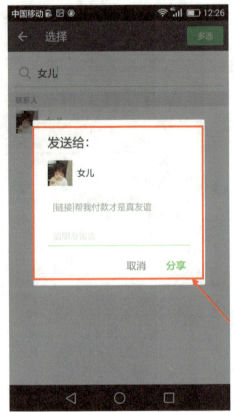

11.然后进入微信，选择微信好友，如"女儿"。

12.点击微信头像后出现这个画面，您可以给她留言，在点击方框内的"分享"二字。等候她付款完成。

13.当付款完成后，您可以在"我的"这里查看您的订单信息。如果您选择的是货到付款，下单结束后可以到这里查看。点击方框内"待收货"。

14.进入后您可以看到这个画面，您可以看到您的订单状态，如果想看看东西目前在哪里，可以点击"查看物流"。

## 三、支付宝钱包 ——不带钱包 好方便

支付宝成立于 2004 年,截至 2015 年 6 月底,实名用户数已经超过 4 亿。目前大部分网上购物都可以用支付宝进行，不仅如此，支付宝也可以在你

到店里买东西的时候进行支付，包括餐饮、超市、便利店、出租车、公共交通等。并且，在金融理财领域，支付宝为用户购买余额宝、基金等理财产品提供支付服务。在这里我们主要为您介绍如何在超市或店里买东西时用支付宝进行交易。

（一）支付宝申请与充值

1.打开支付宝APP，如果你已经有账号，可以填写好账号和密码后登陆。如果没有账号，点击下面的注册。

2.进入后您可以看到这个画面，填写好手机号码，设置好登录密码，务必记住。

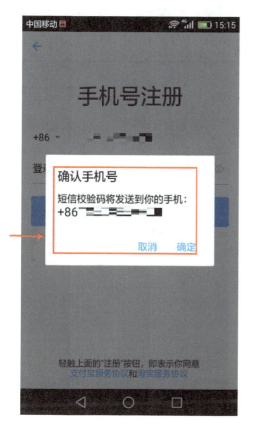

3.接下来会出现这个画面，点击"确定"。接下来，您按照提示把手机短信里的校验码填好即可。

4.点击进入支付宝，即可进入。不过先不着急，支付宝就像一个钱包，在用之前您还得先存点钱进去。

5.点击最下方的"我的",再点击上面的"余额"。

6.进入后您可以看到这个画面,还需要补充身份信息。这里建议让子女帮您设置好,您只需准备一张银行储蓄卡即可。之后您可以点击充值。

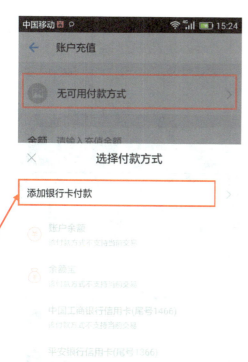

7.您可以用自己的储蓄卡进行充值，按照提示"添加银行卡付款"进行充值，也可以让子女帮您充值。

8.这时，余额有205元，你可以进行消费了。

## （二）支付宝付款

　　支付宝不仅可以在网上购物时付款，也可以在其他线下场合进行现场付款。如在超市等地方买东西等都可以用支付宝进行付款。目前支付宝线下付款有两种方式，一种是商家直接用扫码器直接扫描您的付款二维码付款，另一种是您自己扫描商家的二维码，输入金额和密码即可付款成功。

（1）商家扫描您的二维码，无须输入密码，务必注意安全。

一般大型商场等场所会采用这种方式，不建议在小店用这种方式付款。

1.进入钱包功能之后，商家会让你把您的二维码出示下，您点击左上角的"付款"。

2.出现这个画面，商家只要用扫码器扫描这个二维码即可完成付款。

（2）扫描商家二维码付款

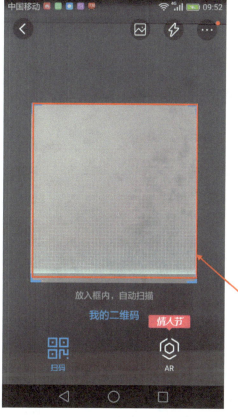

1. 如在水果店买了水果，这时可以用支付宝付款。打开支付宝，点击上方的"扫一扫"。

2. 方框处对准商家的二维码。

3.扫了二维码以后，出现类似的画面，在方框处输入金额后，点击下方出现的"确定"二字。

4.在方框处输入你的支付宝支付密码，点击密码后面的"付款"二字。

140

5.之后出现支付成功的界面，点击完成即可。

## 四、网易有钱——这个月花销心知肚明

网易有钱是知名的互联网企业网易公司于 2015 年 7 月推出的一款以自动记账为核心功能的 APP，旨在以自动记账和信用卡管理的方式提高记账效率，成为为用户提供资产管理服务的平台。在这里仅介绍记账功能。

141

1.下载安装好这个APP，点击进入，可以看到这个界面。点击"记一笔账"。

2.进入后您可以看到这个画面，如吃午饭用了85元，可以在第二个方框写上85，再点击金额下面的"餐饮"类别。如果是要记录一笔收入，可以点击最上面"收入"二字。

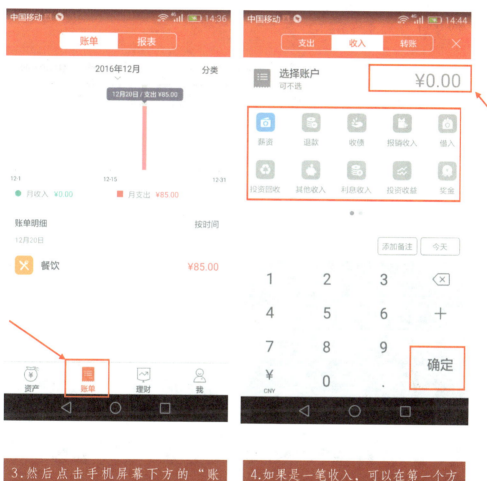

3.然后点击手机屏幕下方的"账单",可以查看您记录的支出情况。

4.如果是一笔收入,可以在第一个方框内写上金额,并在下面的类别里选择"薪资"点击"确定"。

如果您对收入和支出中的类别不满意，可以按照自己的需要进行修改。步骤如下。

1.点击导航栏第四个选项"我"，再点击"设置"。

2.进入后看到这个界面，点击"收支分类"。

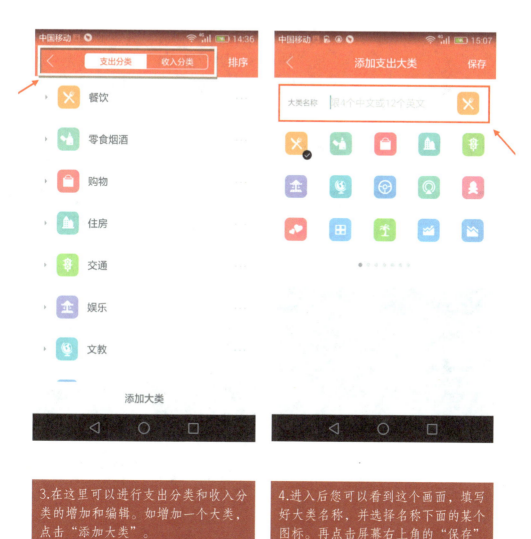

3.在这里可以进行支出分类和收入分类的增加和编辑。如增加一个大类，点击"添加大类"。

4.进入后您可以看到这个画面，填写好大类名称，并选择名称下面的某个图标。再点击屏幕右上角的"保存"即可。

## 五、美团——当地消费的侦查机

美团 APP 为消费者提供值得信赖的本地商家、消费评价和优惠信息，及团购、预约预订、外送、电子会员卡等 O2O 闭环交易服务，覆盖了餐饮、电影、酒店、休闲娱乐、丽人、结婚、亲子、家装等几乎所有本地生活服务行业。美团手机客户端是中国极受欢迎的本地生活 APP 之一，已成为广大城市消费者的必备工具。下面介绍如何使用美团 APP 进行团购（比直接去店里消费优惠）。

### （一）美团APP用户注册

1.打开美团APP后，点击最下方的"我的"方框。

2.如果您有账号，直接输入再点击登录。如果没有美团账号，您可以使用下面微信、QQ或新浪账号登录，或者您可以点击最上方的"注册"。

3.在这里输入手机号码，再点击"发送验证码"，再根据提示进行操作即可。

### （二）使用美团APP进行团购

1.下载安装好美团APP后，打开APP，可以看到类似的画面，一般都默认是您所在的城市，直接点击"美食"。

2.点击"西餐"。

3.出现不同餐厅的信息，如选择第一个信息。

4.您可以向下滑动菜单选择你要的套餐。

149

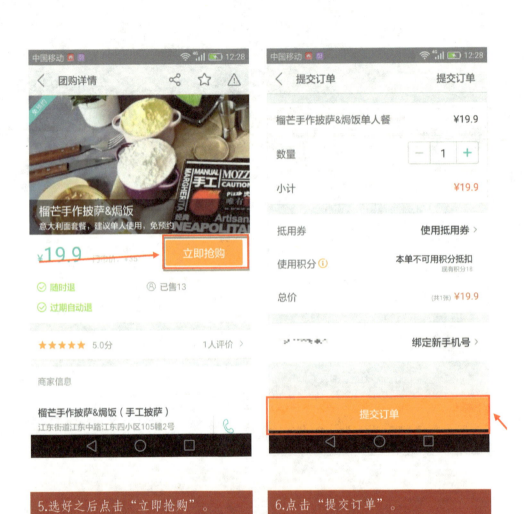

5.选好之后点击"立即抢购"。

6.点击"提交订单"。

7.选择付款方式，如"微信支付"，输入微信支付的密码。

8.出现"支付成功"，点击右上方的"完成"。

9.去店里把这个二维码或号码给商家即可。

# 第七章　娱乐类APP

　　老年人退休后时间上十分充裕，那么如何消遣这些空闲时间就成为了很多人的苦恼。这里将为您推荐几个娱乐类的APP，供您在闲暇时间赏玩，以期为您的生活"增光添彩"，让您拥有丰富的精神生活。

## 一、糖豆广场舞——一起"广场舞"

　　如果您是喜欢研究并参与广场舞的人，这款"糖豆"广场舞APP提供了海量广场舞教学视频、广场舞歌曲大全下载，汇聚了美久广场舞、云裳广场舞、广场舞小苹果、佳木斯快乐舞步、动动广场舞、广场舞16步等众多广场舞。您不仅可以在家附近的广场练习，还可以在家跟着视频练习。下面介绍一下这个APP的使用。

（一）跟着视频学习

1.下载安装好这个APP，点击之后出现这个画面。箭头方框处可以看到这个APP的内容分布，如点击热门版块，可以看到最近比较热门的视频。

2.如点击热门，您可以看到这个画面。点击返回键即可回到前一个画面。

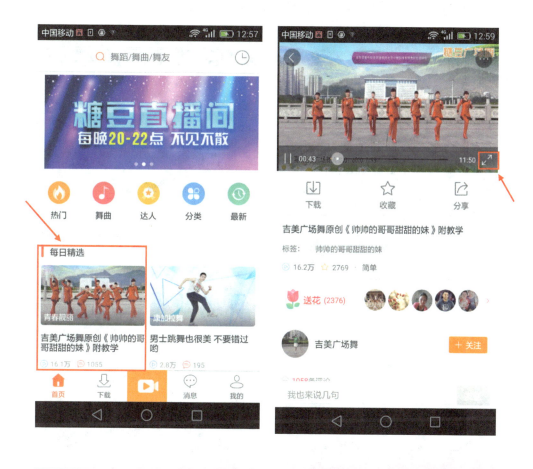

3.回到主页，点击其中一个视频，如每日精选中的这个视频。

4.您可以看到视频，如果太小了可以点击视频出现方框内的这个双箭头可以放大画面。

155

（二）下载视频到手机，随时可以看

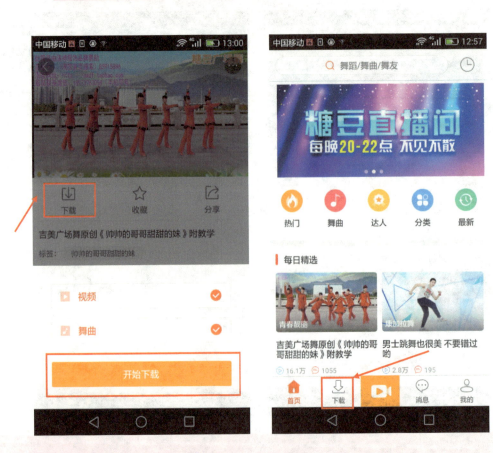

1.点击你想要学的视频看到上面的界面，视频下方有"下载"二字，可以点击下载，出现这个画面，再点击下方的"开始下载"即可。

2.返回到这个APP主页，最下面一行可以看到"下载"二字，点击这里可以看到您之前下载的视频。

## （三）分享我的广场舞

1.如果您想是广场舞高手，想把您的广场舞传给别人看，那您可以点击上面那个录像机的图标。

2.出现这个画面，点击"上传"可以把您之前录在手机上的视频传上去，点击"拍摄"可以进行现场录像。

## 二、喜马拉雅FM——说自己的故事，听大家的故事

　　喜马拉雅电台是中国知名的音频分享平台，拥有大量的音频资料，涵盖了有声书、相声段子、音乐、新闻、综艺娱乐、儿童、情感生活、评书、外语、培训讲座、百家讲坛、广播剧、历史人文、电台、商业财经、IT科技、健

康养生、校园电台、汽车、旅游、电影、游戏等 20 多个分类，上千万条声音。不仅如此，喜马拉雅 FM 还有社交功能，在"主播"频道，可以关注主播们的育儿经验、悬疑故事、生活感悟等内容，注册登录之后可以自己录制音频，发布到这里，实现自己的主播梦。目前喜马拉雅 FM 上的节目有收费节目与免费节目之分，收费节目需要购买之后才能收听，一般来说这些节目都是内容质量比较好的节目。我们就先从免费的节目开始说吧。

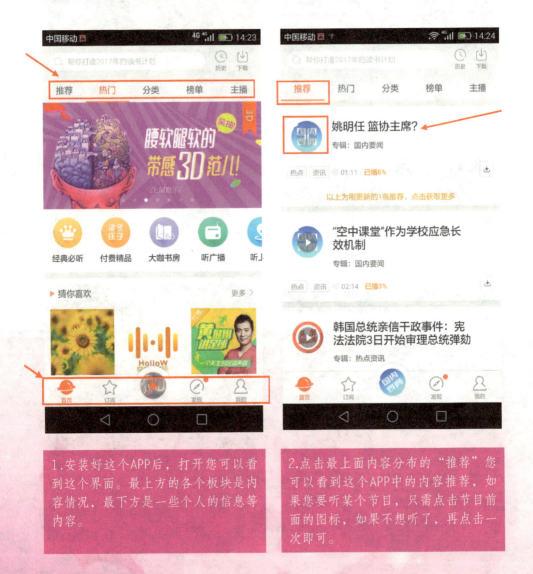

1.安装好这个APP后，打开您可以看到这个界面。最上方的各个板块是内容情况，最下方是一些个人的信息等内容。

2.点击最上面内容分布的"推荐"您可以看到这个APP中的内容推荐，如果您要听某个节目，只需点击节目前面的图标，如果不想听了，再点击一次即可。

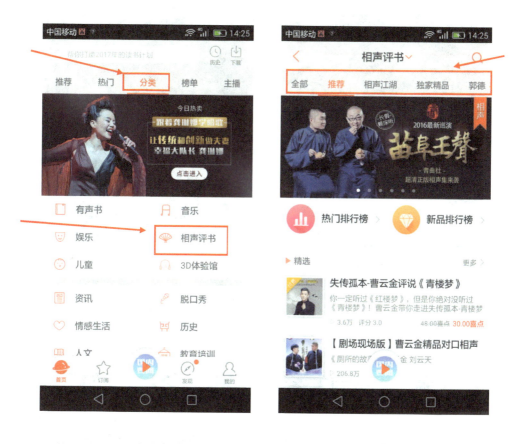

3.点击最上面的"分类"，如果您想听相声类，可以点击"相声评书"。

4.最上面这里是相声评书里面相关内容的分类，您可以自己去选择不同的类别。

5.如果你想听一些内容，您可以在最上方搜索栏写上要听的内容，如"郭德纲相声"，就会出来相关的内容。您会发现第一个出来的结果最后有红色小字"19.90喜点"，这表示这个节目的收听是需要付费的，点击第二个方框范围。

6.您可以进入到这个节目的介绍中，如要收听，您要点击"立即购买"，19.90喜点代表19.90元人民币，1喜点等于一块钱。

7.点击上面的"立即购买"会出现这个界面，和微信一样，您需要先有一个账号。你可以点击最上面的注册，然后根据提示操作即可。或者您也可以用下面方框提示的微信、QQ或微博账号登录。如果您对用手机支付等不熟悉，建议您就先听免费节目吧。

8.点击最下面的返回键，回到这个界面，点击第二个搜索结果，这个是免费的节目。

161

10.进入后再点击方框处的"节目"二字，这里的201表示有201个节目可以收听。节目下面显示的是内容的清单，您可以自由选择。如点击第一个节目。

11.开始播放这个节目，如果您不想听了，可以点击中间这里的暂停键，然后再按返回键即可。

## 三、汤姆猫——没事逗逗猫

汤姆是一只电子宠物猫，它可以在您触摸时做出反应，并且用滑稽的声音完整地复述您说的话。您可以抚摸它、用手指戳它、用拳轻打它或捉它的尾巴。您还可以将录制汤姆复述您说的话上传或通过电子邮件发送给亲友。与这只会说话的汤姆猫一起玩耍，享受欢乐和笑声。到应用市场下载"会说话的汤姆"，安装好之后打开，您就可以看到下面类似的一个猫。你可以享受以下的乐趣：

1.对着手机和它说话，它将用有趣的声音重复你的话。

2.点它的头，它会装成被打的样子，连续打还会晕倒；抚摸肚子，它会打呼噜；打肚子，它会装肚子疼；抓尾巴，它会生气；戳脚，它会抓着脚发出痛苦的声音。

3.忘掉它，它会打呵欠或打喷嚏。

4.汤姆记载影片，上传到网络或经过电子邮件发送它们。

图片方框处的这些按钮都是可以点击的，你可以点击试试看，发现其中的乐趣。

# 第八章　其他类

在前几章我们已经学会了如何用智能手机聊天、看新闻、咨询健康问题、购物、娱乐。但其实它还有更多的用武之地，本章我们就来拓展一下其他类的 APP。

## 一、好豆菜谱——我是厨师我做主

对很多上了年纪的人来说，唯一没有荒废甚至技术越来越好的技能可能就是做菜了。做菜可以打发时间，陶冶情操，让生活更有滋味更健康。

市场上的菜谱类应用很多，这款好豆菜谱则是其中非常接地气的一款。菜谱丰富，都是些实在的美食菜谱，图文并茂，还能下载到手机上以便离线查看，还有视频可以查看。如果您喜欢做菜，不如装上这款接地气的菜谱 APP。

在这里输入您想做的菜名，就可以搜索菜的做法。

中间方框内可以看到这个APP内容的主要分布，您可以点击这几个图标。如点击"流行食谱"，您可以看到最近大家使用比较多的菜谱，其他的您可以点击进去查看，如要返回这个画面，点击屏幕最下方黑色条框处的返回键。"看视频"这里的内容为看视频学做菜，如果您看文字觉得不方便，可以直接在这里找菜谱。

快来查找您喜欢的菜谱吧。

1.如输入"红烧羊排",点击最上面的放大镜,您可以看到搜索到的所有有关菜谱。点击任何一个菜谱。

2.您可以看到这个菜谱的具体做法,只需跟着菜谱步骤即可。

## 二、天气通——冷暖早知

目前天气预报类的 APP 比较多,如果您只需功能简单,准确度相对较高的 APP,推荐使用天气通。天气通是一款实景天气预报手机 APP,不但详细报道 24 小时最新天气预报实时更新,而且还提供全国主要城市的

PM2.5 指数,为您提供出行建议。而且目前天气通客户端邀请陈楚生、何洁、延参法师等名人明星语音播报。天气通本身软件的操作非常简单,基本没有学习难度,各个板块也很清楚直观。

推荐小伙伴

1.下载安装好后,点击打开。如果是第一次进入这个APP,会有向导,手指点在屏幕上,向左滑动即可。

2.这是向导的最后一页,方框内这里不用打钩,点击进入天气通。这时会自动搜索您所在的城市,然后进入天气。如您在上海,即可看到如下画面。

3.如果你需要语音播报天气，可以点击最上面的喇叭图标，即可听到天气播报。您如果想要看今天每个小时具体天气情况，可以点击第二个方框区域。

4.这时您可以看到具体每个时段的温度和天气情况。

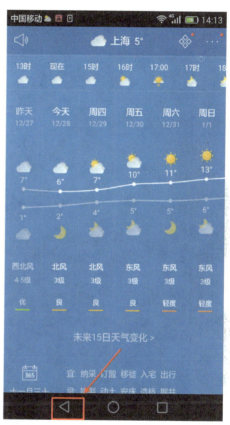

5.手指点在方框区域内，向上滑动，您可以查看未来几天的天气情况。

6.这就是未来几天天气，手指点在屏幕上，向左滑动，可以看后面几天的天气。要回到前面的界面，只需点返回键。

7.如果您还关心其他城市的天气情况，可以自己把城市加上，就可以查看。点击上面方框内区域。

8.这时出现这个画面，点击添加城市。

9.您可以自己输入城市名称，或选择已经出现的名称。如"武汉"。

10.您可以看到武汉的天气情况。左右滑动方框内区域，您可以看其他您所添加的城市天气信息。

## 三、计算器——轻松计算不费力

目前大部分的智能手机在买的时候就已经安装计算器的功能，您只需找到这个计算器，就可以开始使用。

1.找到计算器的APP，点击即可进入使用。

2.用手指点击数字和数学符号进行计算即可，使用与普通计算器相似。

## 四、手电筒——应急小灯随身带

有时可能碰巧需要照明，而您身边除了手机什么也没带，这时您可以打开手机，找到"手电筒"这个APP，点击一下图标，手机背后的闪光灯就会亮起，如果要关闭，只需再点击一次即可，使用非常方便。